# までのたしざん③

がつ　にち

てん/10てん

こんどは　+(たす)の　うしろの　かずは
おなじだよ。

① 5+0=5

② 0+0=0

③ 1+0=1

④ 2+0=

⑤ 3+0=

⑥ 4+0=

⑦ 5+0=

⑧ 0+1=1

⑨ 1+1=

⑩ 2+1=

# 4 5までのたしざん④

がつ　にち

てん/10てん

＋(たす)の　まえの　かずが　じゅんに
ふえて　いるよ。

① 3＋1＝

② 4＋1＝

③ 0＋2＝2

④ 1＋2＝

⑤ 2＋2＝

⑥ 3＋2＝

⑦ 0＋3＝3

⑧ 1＋3＝

⑨ 2＋3＝

⑩ 0＋4＝4

5

# 5までのたしざん⑤

がつ　にち

てん/10てん

5までの　けいさんの　まとめだよ。
じゅんばんは　ばらばらだよ。

① 0＋0＝

⑥ 1＋3＝

② 2＋1＝

⑦ 3＋2＝

③ 0＋3＝

⑧ 2＋2＝

④ 4＋1＝

⑨ 1＋4＝

⑤ 5＋0＝

⑩ 2＋3＝

# 6 9までのたしざん①

がつ　にち

てん/10てん

こたえは　6から　9までだよ。
じゅんばんに　やろう。

① $0+6=$ 6

⑥ $1+6=$

② $0+7=$

⑦ $1+7=$

③ $0+8=$

⑧ $1+8=$

④ $0+9=$

⑨ $2+4=$

⑤ $1+5=$

⑩ $2+5=$

**おうちの方へ**　ここから、答えが大きくなります。はじめは順番に出題しています。

# 7 9までのたしざん②

がつ　　にち

てん/10てん

たすかずが　1ずつ　おおきく　なるよ。

① 2＋6＝8

② 2 | 7＝

③ 3＋3＝6

④ 3＋4＝

⑤ 3＋5＝

⑥ 3＋6＝

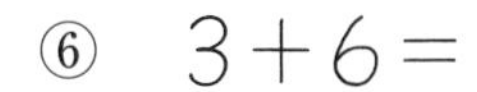

⑦ 4 | 2＝

⑧ 4＋3＝

⑨ 4＋4＝

⑩ 4＋5＝

# 8 9までのたしざん③

がつ　にち

てん/10てん

じゅんばんに　やると　わかりやすいね。

① 5＋1＝6

② 5＋2＝

③ 5＋3＝

④ 5＋4＝

⑤ 6＋0＝

⑥ 6＋1＝

⑦ 6＋2＝

⑧ 6＋3＝

⑨ 7＋0＝

⑩ 7＋1＝

# 9 9までのたしざん④

がつ　にち

てん/10てん

⑤～⑩までの　しきや　こたえの
おもしろい　ところを　みつけよう。

① $7+2=9$

② $8+0=$

③ $8+1=$

④ $9+0=$

⑤ $6+0=$

⑥ $5+1=$

⑦ $4|2=$

⑧ $3+3=$

⑨ $2+4=$

⑩ $1+5=$

10

# 9までのたしざん⑤

がつ　にち

てん/10てん

こんどは　まえの　かずが　だんだん
ふえているよ。

① 6＋0＝

② 7＋0＝

③ 8＋0＝

④ 9＋0＝

⑤ 5＋1＝

⑥ 6＋1＝

⑦ 7＋1＝

⑧ 8＋1＝

⑨ 4＋2＝

⑩ 5＋2＝

# 11 9までのたしざん⑥

がつ　にち

てん/10てん

うしろの　かずは　いっしょのが
ならんで　いるね。

① $6+2=$

② $7+2=$

③ $3+3=$

④ $4+3=$

⑤ $5+3=$

⑥ $6+3=$

⑦ $2+4=$

⑧ $3+4=$

⑨ $4+4=$

⑩ $5+4=$

12

# 9までのたしざん⑦

がつ　にち

てん/10てん

どんな　じゅんに　しきが　ならんで
いるか　わかるかな？

① $1+5=$

② $2+5=$

③ $3+5=$

④ $4+5=$

⑤ $0+6=$

⑥ $1+6=$

⑦ $2+6=$

⑧ $3+6=$

⑨ $0+7=$

⑩ $1+7=$

13

# 9までのたしざん⑧

がつ　にち

てん/10てん

こたえが　おなじに　なる　けいさんが
たくさん　あるよ。

① $2+7=$

⑥ $1+6=$

② $0+8=$

⑦ $2+5=$

③ $1+8=$

⑧ $3+4=$

④ $0+9=$

⑨ $4+3=$

⑤ $0+7=$

⑩ $5+2=$

# 9までのたしざん⑨

がつ　にち

てん/10てん

9までの　けいさんの　まとめだよ。
あわてずに　やろうね。

① $0+6=$

② $5+2=$

③ $9+0=$

④ $6+3=$

⑤ $3+4=$

⑥ $1+7=$

⑦ $4+5=$

⑧ $6+1=$

⑨ $2+4=$

⑩ $7+2=$

**おうちの方へ**

ここから、バラバラに出題しています。
さっとできていますか。

# 15 9までのたしざん⑩

がつ　にち

てん/10てん

9までの　けいさんの　まとめだよ。
まんてん　とれたかな。

① 4＋3＝

② 1＋5＝

③ 0＋8＝

④ 5＋4＝

⑤ 7＋0＝

⑥ 5＋3＝

⑦ 2＋6＝

⑧ 3＋3＝

⑨ 4＋4＝

⑩ 8＋1＝

16

# 10になるたしざん①

がつ　にち

てん/10てん

①～⑩まで　こたえが　10になる
たしざんだよ。

① 1＋9＝10

② 2＋8＝

③ 3＋7＝

④ 4＋6＝

⑤ 5＋5＝

⑥ 6＋4＝

⑦ 7＋3＝

⑧ 8＋2＝

⑨ 9＋1＝

⑩ 2＋8＝

**おうちの方へ**　10になるたし算がさっとできると、くり上がりやくり下がりがよくできるようになります。

17

# 10になるたしざん②

がつ　にち

てん/10てん

こたえが　10になる　たしざんは
とても　だいじです。

① $1+9=$

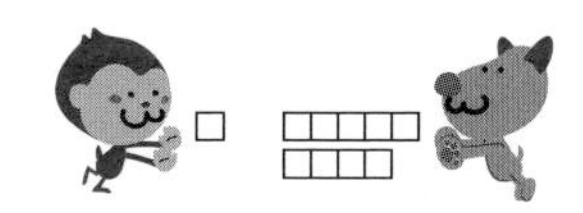

② $2+8=$

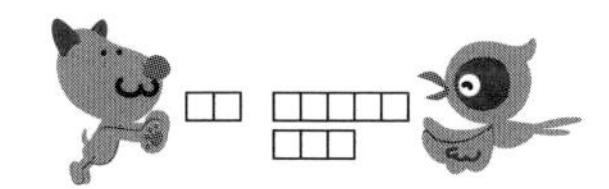

③ $3+7=$

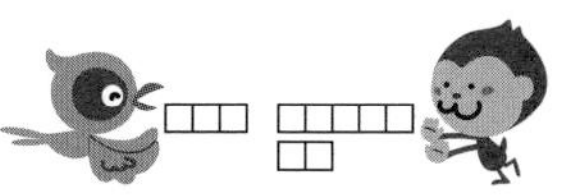

④ $4+6=$

⑤ $5+5=$

⑥ $6+4=$

⑦ $7+3=$

⑧ $8+2=$

⑨ $9+1=$

⑩ $3+7=$

18

# 10になるたしざん③

がつ　にち

てん/10てん

しきを　こえに　だして　よみながら
けいさん　しましょう。

① 1＋9＝

⑥ 6＋4＝

② 2＋8＝

⑦ 7＋3＝

③ 3＋7＝

⑧ 8＋2＝

④ 4＋6＝

⑨ 9＋1＝

⑤ 5＋5＝

⑩ 4＋6＝

# 19 10になるたしざん④

がつ　にち

てん/10てん

もう　おぼえましたか。

① $1+9=$

② $2+8=$

③ $3+7=$

④ $4+6=$

⑤ $5+5=$

⑥ $6+4=$

⑦ $7+3=$

⑧ $8+2=$

⑨ $9+1=$

⑩ $5+5=$

# 20 10になるたしざん⑤

がつ　にち

てん/10てん

きちんと　おぼえるために
しきを　よみながら　けいさん　しましょう。

① $2+8=$

② $6+4=$

③ $3+7=$

④ $1+9=$

⑤ $4+6=$

⑥ $8+2=$

⑦ $5+5=$

⑧ $7+3=$

⑨ $9+1=$

⑩ $6+4=$

# 21 10になるたしざん⑥

がつ　にち

てん/10てん

きちんと　おぼえるために
しきを　よみながら　けいさん　しましょう。

① 3＋7＝

② 9＋1＝

③ 4＋6＝

④ 7＋3＝

⑤ 1＋9＝

⑥ 5＋5＝

⑦ 8＋2＝

⑧ 6＋4＝

⑨ 2＋8＝

⑩ 7＋3＝

# 22 10になるたしざん⑦

がつ　にち

てん/10てん

もう　すらすら　できるように
なりましたか。

① $4+6=$

② $7+3=$

③ $5+5=$

④ $2+8=$

⑤ $8+2=$

⑥ $9+1=$

⑦ $6+4=$

⑧ $1+9=$

⑨ $3+7=$

⑩ $8+2=$

# 23 10になるたしざん⑧

がつ　にち

てん/10てん

まんてんに　なりましたか。

① 5＋5＝

⑥ 6＋4＝

② 1＋9＝

⑦ 2＋8＝

③ 7＋3＝

⑧ 8＋2＝

④ 9＋1＝

⑨ 4＋6＝

⑤ 3＋7＝

⑩ 9＋1＝

24

# 10になるたしざん⑨

がつ　　にち

てん/10てん

もう　まよったり　しないでしょう。
なんども　やると　できるよね。

① $6+4=$

② $2+8=$

③ $7+3=$

④ $9+1=$

⑤ $5+5=$

⑥ $4+6=$

⑦ $8+2=$

⑧ $1+9=$

⑨ $3+7=$

⑩ $1+9=$

# 25 10になるたしざん⑩

がつ　にち

てん/10てん

ずいぶん　たくさん　やりました ね。
もう　じしんが　ついたでしょう。

① $7+3=$

② $2+8=$

③ $9+1=$

④ $4+6=$

⑤ $6+4=$

⑥ $3+7=$

⑦ $8+2=$

⑧ $5+5=$

⑨ $1+9=$

⑩ $2+8=$

# 26 5までのひきざん①

がつ　にち

てん/10てん

ひきざんですよ。

5－0＝5

5－1＝4

① 5－0＝5

② 5－1＝4

③ 5－2＝3

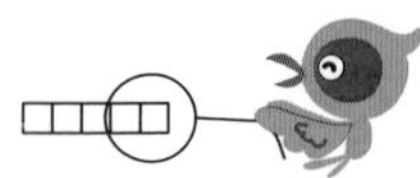

④ 5－3＝

⑤ 5－4＝

⑥ 5－5＝

⑦ 4－0＝

⑧ 4－1＝

⑨ 4－2＝

⑩ 4－3＝

**おうちの方へ**　上の絵を見て、ひき算のイメージをしっかりつかませましょう。

# 27 5までのひきざん②

がつ　にち

てん/10てん

① $4-4=0$

② $3-0=3$

③ $3-1=2$

④ $3-2=$

⑤ $3-3=$

⑥ $2-0=$

⑦ $2-1=$

⑧ $2-2=$

⑨ $1-0=$

⑩ $1-1=$

28

# 5までのひきざん③

がつ　にち

てん/10てん

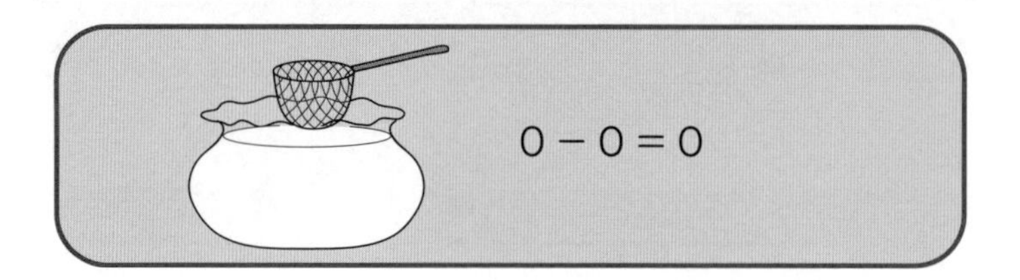


① 0－0＝0

② 1－0＝

③ 2－0＝

④ 3－0＝

⑤ 4－0＝

⑥ 5－0＝

⑦ 1－1＝

⑧ 2－1＝

⑨ 3－1＝

⑩ 4－1＝

# 29 5までのひきざん④

がつ　にち

てん/10てん

しきを　こえに　だして　よみながら
けいさん　しましょう。

① $5-1=$

② $2-2=$

③ $3-2=$

④ $4-2=$

⑤ $5-2=$

⑥ $3-3=$

⑦ $4-3=$

⑧ $5-3=$

⑨ $4-4=$

⑩ $5-4=$

# 30 5までのひきざん⑤

がつ　にち

てん/10てん

5までの　ひきざんの　まとめです。
すらすら　できましたか。まんてんかな。

① $5-5=$

⑥ $5-2=$

② $2-1=$

⑦ $4-4=$

③ $4-3=$

⑧ $3-2=$

④ $3-1=$

⑨ $5-3=$

⑤ $1-0=$

⑩ $4-2=$

# ９までのひきざん①

がつ　にち

てん/10てん

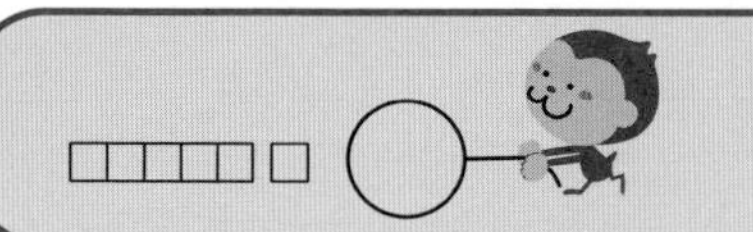

０こ　ひくと
のこりは　いくつ？

①　６－０＝６

②　６－１＝

③　６－２＝

④　６－３＝

⑤　６－４＝

⑥　６－５＝

⑦　６－６＝

⑧　７－０＝

⑨　７－１＝

⑩　７－２＝

**おうちの方へ**

ここから６～９までの数からのひき算です。数が少し大きくなるだけで、子どもはむずかしく感じます。

32

# 9までのひきざん②

がつ　にち

てん/10てん

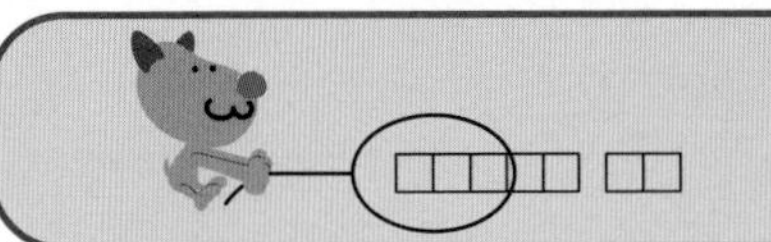

3つ　ひくんだよ。

① $7-3=4$

② $7-4=$

③ $7-5=$

④ $7-6=$

⑤ $7-7=$

⑥ $8-0=$

⑦ $8-1=$

⑧ $8-2=$

⑨ $8-3=$

⑩ $8-4=$

# 33 9までのひきざん③

がつ　にち

てん/10てん

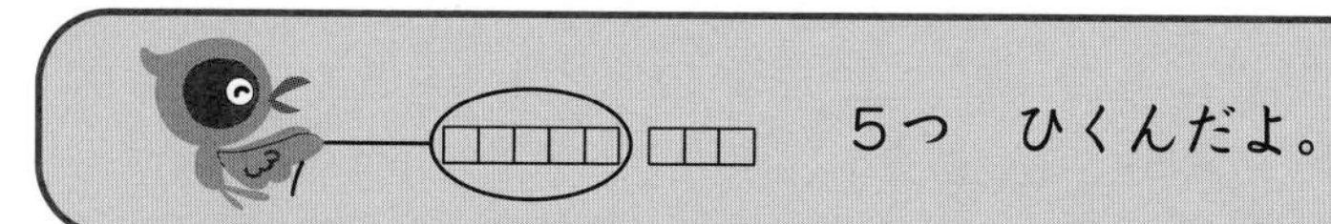


① 8－5＝3

② 8－6＝

③ 8－7＝

④ 8－8＝

⑤ 9－0＝

⑥ 9－1＝

⑦ 9－2＝

⑧ 9－3＝

⑨ 9－4＝

⑩ 9－5＝

34

# 9までのひきざん④

がつ　にち

てん/10てん

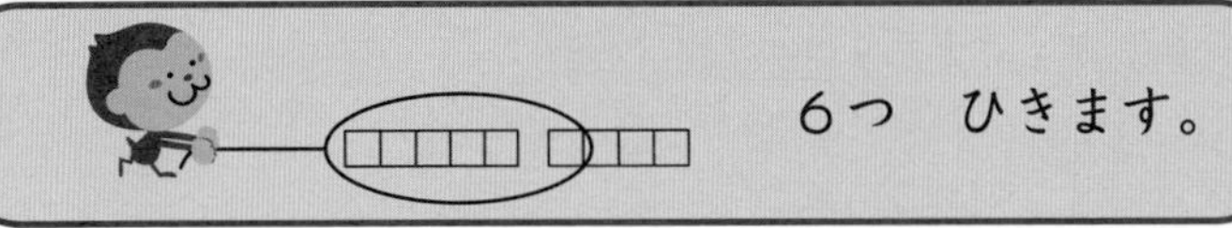


① 9－6＝

② 9－7＝

③ 9－8＝

④ 9－9＝

⑤ 6－0＝

⑥ 7－0＝

⑦ 8－0＝

⑧ 9－0＝

⑨ 6－1＝

⑩ 7－1＝

35

# 9までのひきざん⑤

がつ　にち

てん/10てん

①と　おなじ　かずを
ひいて　いるね。

① 8－1＝

② 9－1＝

③ 6－2＝

④ 7－2＝

⑤ 8－2＝

⑥ 9－2＝

⑦ 6－3＝

⑧ 7－3＝

⑨ 8－3＝

⑩ 9－3＝

36

# 9までのひきざん⑥

がつ　にち

てん/10てん

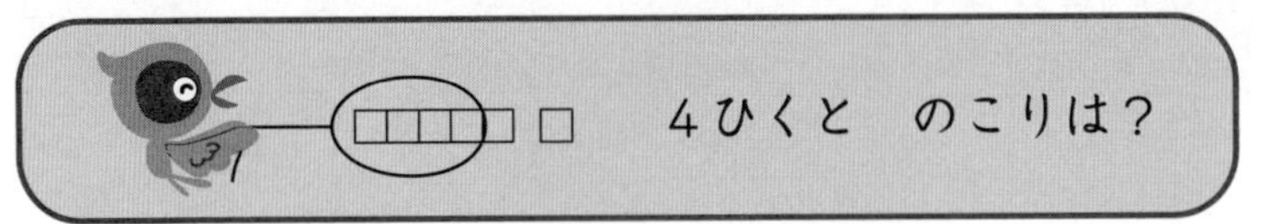


① 6－4＝

② 7－4＝

③ 8－4＝

④ 9－4＝

⑤ 6－5＝

⑥ 7－5＝

⑦ 8－5＝

⑧ 9－5＝

⑨ 6－6＝

⑩ 7－6＝

37

# 9までのひきざん⑦

がつ　　にち

てん/10てん

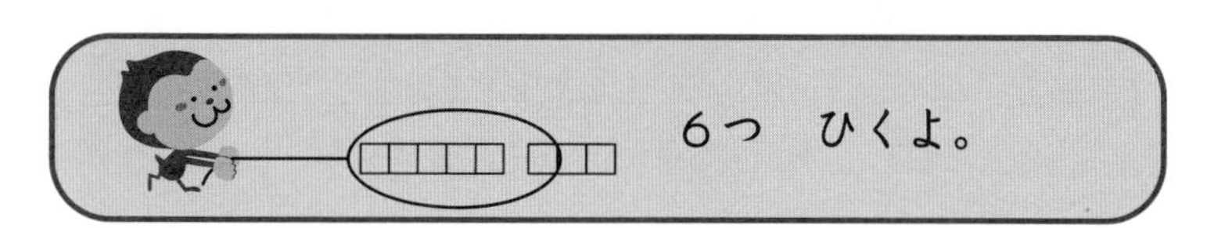


① 8－6＝

⑥ 8－8＝

② 9－6＝

⑦ 9－8＝

③ 7－7＝

⑧ 9－9＝

④ 8－7＝

⑨ 8－4＝

⑤ 9－7＝

⑩ 9－1＝

38

# 9までのひきざん⑧

がつ　にち

てん/10てん

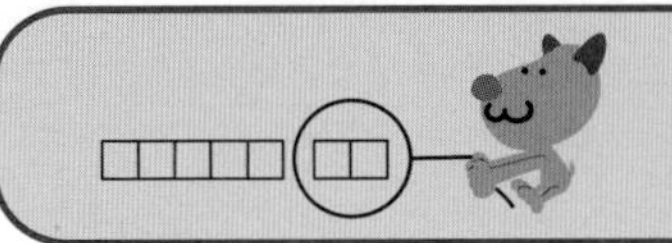

かずが　ばらばらに
なって　きたよ。

① 7－2＝

⑥ 7－7＝

② 6－5＝

⑦ 6－2＝

③ 9－3＝

⑧ 9－6＝

④ 7－1＝

⑨ 7－4＝

⑤ 8－5＝

⑩ 9－2＝

39

# 9までのひきざん⑨

がつ　にち

てん/10てん

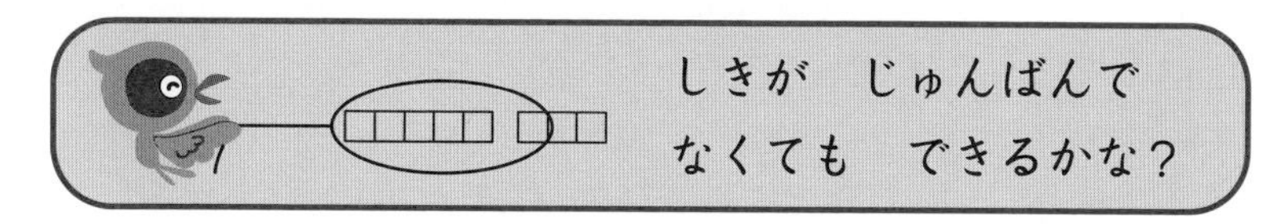


① 8－6＝

② 9－7＝

③ 7－3＝

④ 6－5＝

⑤ 8－7＝

⑥ 9－5＝

⑦ 8－2＝

⑧ 7－5＝

⑨ 8－3＝

⑩ 9－8＝

# 9までのひきざん⑩

がつ　にち

てん/10てん

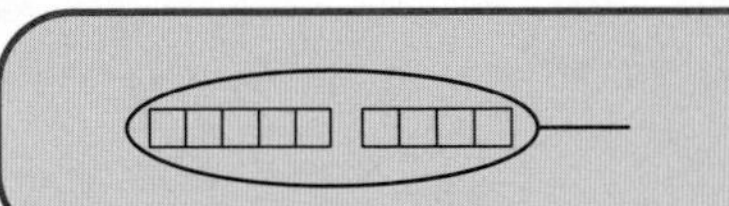

ぜんぶ　ひくと
どうなる？

① 9－9＝

② 6－3＝

③ 7－0＝

④ 8－1＝

⑤ 7－7＝

⑥ 6－1＝

⑦ 8－8＝

⑧ 6－0＝

⑨ 9－4＝

⑩ 8－0＝

# 10からひくひきざん①

がつ　にち

てん/10てん

10の　かたまりから　じゅんに　ひいていきます。

① 10－0＝10

② 10－1＝

③ 10－2＝

④ 10－3＝

⑤ 10－4＝

⑥ 10－5＝

⑦ 10－6＝

⑧ 10－7＝

⑨ 10－8＝

⑩ 10－9＝

**おうちの方へ**　10になるたし算と逆のパターンです。これをしっかり身につけることは大切な基礎の１つです。

# 42 10からひくひきざん②

がつ　にち

てん/10てん

□□□□□ □□□□□　この　ひきざんも　しっかり　おぼえよう。

① 10－9＝

② 10－8＝

③ 10－7＝

④ 10－6＝

⑤ 10－5＝

⑥ 10－4＝

⑦ 10－3＝

⑧ 10－2＝

⑨ 10－1＝

⑩ 10－0＝

# 43 10からひくひきざん③

がつ　にち

てん/10てん

| 10 | |
|---|---|
| 0 | 10 |
| 1 | 9 |
| 2 | 8 |
| 3 | 7 |
| 4 | 6 |

| 10 | |
|---|---|
| 5 | 5 |
| 6 | 4 |
| 7 | 3 |
| 8 | 2 |
| 9 | 1 |

しっかり
おぼえよう。

① 10－1＝

⑥ 10－7＝

② 10－9＝

⑦ 10－4＝

③ 10－2＝

⑧ 10－6＝

④ 10－8＝

⑨ 10－5＝

⑤ 10－3＝

⑩ 10－0＝

# 44 10からひくひきざん④

がつ　にち

てん/10てん

| 10 | |
|---|---|
| 0 | 10 |
| 1 | 9 |
| 2 | 8 |
| 3 | 7 |
| 4 | 6 |

| 10 | |
|---|---|
| 5 | 5 |
| 6 | 4 |
| 7 | 3 |
| 8 | 2 |
| 9 | 1 |

くりかえし れんしゅう しよう。

① 10－9＝

② 10－1＝

③ 10－8＝

④ 10－2＝

⑤ 10－7＝

⑥ 10－3＝

⑦ 10－6＝

⑧ 10－4＝

⑨ 10－5＝

⑩ 10－0＝

# 45 10からひくひきざん⑤

がつ　にち

てん/10てん

| 10 | |
|---|---|
| 0 | 10 |
| 1 | 9 |
| 2 | 8 |
| 3 | 7 |
| 4 | 6 |

| 10 | |
|---|---|
| 5 | 5 |
| 6 | 4 |
| 7 | 3 |
| 8 | 2 |
| 9 | 1 |

だんだん
わかって
きたぞ。

① 10－1＝

② 10－8＝

③ 10－2＝

④ 10－6＝

⑤ 10－5＝

⑥ 10－3＝

⑦ 10－0＝

⑧ 10－4＝

⑨ 10－7＝

⑩ 10－9＝

# 46 10からひくひきざん⑥

がつ　にち

てん/10てん

| 10 | |
|---|---|
| 0 | 10 |
| 1 | 9 |
| 2 | 8 |
| 3 | 7 |
| 4 | 6 |

| 10 | |
|---|---|
| 5 | 5 |
| 6 | 4 |
| 7 | 3 |
| 8 | 2 |
| 9 | 1 |

もう
すらすら
できるね。

① 10－2＝

② 10－0＝

③ 10－6＝

④ 10－4＝

⑤ 10－9＝

⑥ 10－1＝

⑦ 10－5＝

⑧ 10－7＝

⑨ 10－3＝

⑩ 10－8＝

# 10からひくひきざん⑦

がつ　にち

てん/10てん

| 10 | |
|---|---|
| 0 | 10 |
| 1 | 9 |
| 2 | 8 |
| 3 | 7 |
| 4 | 6 |

| 10 | |
|---|---|
| 5 | 5 |
| 6 | 4 |
| 7 | 3 |
| 8 | 2 |
| 9 | 1 |

① $10-3=$

② $10-4=$

③ $10-0=$

④ $10-5=$

⑤ $10-1=$

⑥ $10-6=$

⑦ $10-9=$

⑧ $10-2=$

⑨ $10-8=$

⑩ $10-7=$

# 48 10からひくひきざん⑧

がつ　にち

てん/10てん

| 10 | |
|---|---|
| 0 | 10 |
| 1 | 9 |
| 2 | 8 |
| 3 | 7 |
| 4 | 6 |

| 10 | |
|---|---|
| 5 | 5 |
| 6 | 4 |
| 7 | 3 |
| 8 | 2 |
| 9 | 1 |

① 10－4＝

⑥ 10－9＝

② 10－7＝

⑦ 10－2＝

③ 10－1＝

⑧ 10－5＝

④ 10－8＝

⑨ 10－0＝

⑤ 10－3＝

⑩ 10－6＝

# 49 10からひくひきざん⑨

がつ　　にち

てん/10てん

| 10 | |
|---|---|
| 0 | 10 |
| 1 | 9 |
| 2 | 8 |
| 3 | 7 |
| 4 | 6 |

| 10 | |
|---|---|
| 5 | 5 |
| 6 | 4 |
| 7 | 3 |
| 8 | 2 |
| 9 | 1 |

① $10-5=$

⑥ $10-2=$

② $10-9=$

⑦ $10-6=$

③ $10-7=$

⑧ $10-3=$

④ $10-0=$

⑨ $10-1=$

⑤ $10-8=$

⑩ $10-4=$

# 50 10からひくひきざん⑩

がつ　にち

てん/10てん

| 10 | |
|---|---|
| 0 | 10 |
| 1 | 9 |
| 2 | 8 |
| 3 | 7 |
| 4 | 6 |

| 10 | |
|---|---|
| 5 | 5 |
| 6 | 4 |
| 7 | 3 |
| 8 | 2 |
| 9 | 1 |

① 10－6＝

② 10－1＝

③ 10－5＝

④ 10－9＝

⑤ 10－2＝

⑥ 10－4＝

⑦ 10－3＝

⑧ 10－8＝

⑨ 10－7＝

⑩ 10－0＝

# 51 くりあがりのたしざん①

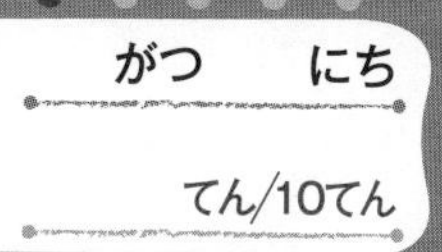


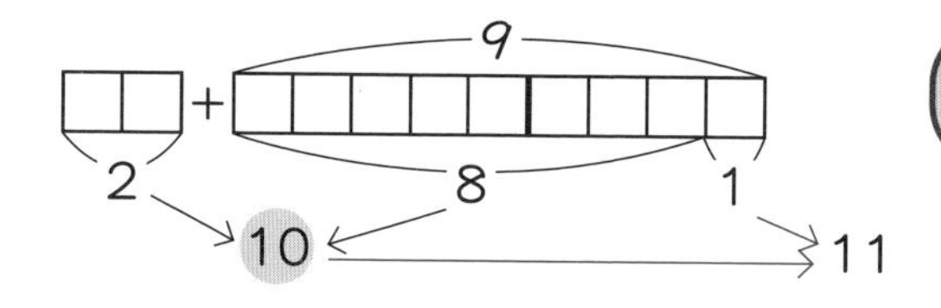

① 2＋9＝11
10 8 1

② 3＋8＝
10 7 1

③ 3＋9＝
7 2

④ 4＋7＝
10 6 1

⑤ 4＋8＝
6 2

⑥ 4＋9＝
6 3

⑦ 5＋6＝
10 5 1

⑧ 5＋7＝
5 2

⑨ 5＋8＝
5 3

⑩ 5＋9＝
5 4

**おうちの方へ**　前の数と合わせて10になるように、後ろの数を分けます。

# くりあがりのたしざん②

がつ　にち

てん/10てん

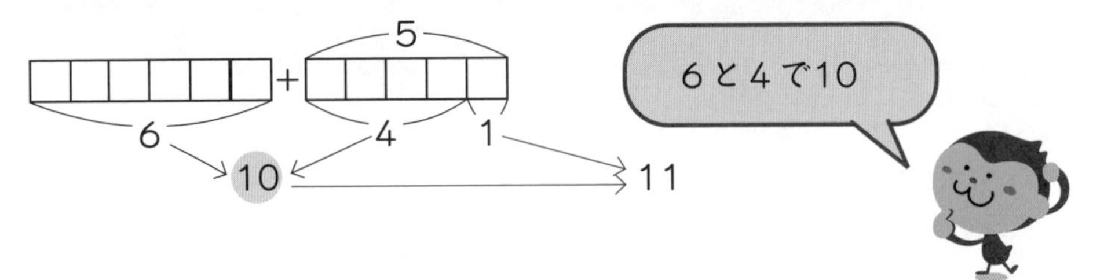


① $6+5=11$
10 4 1

⑥ $7+4=$
10 3 1

② $6+6=$
4 2

⑦ $7+5=$
3 2

③ $6+7=$
4 3

⑧ $7+6=$
3 3

④ $6+8=$
4 4

⑨ $7+7=$
3 4

⑤ $6+9=$
4 5

⑩ $7+8=$
3 5

# 53 くりあがりのたしざん③

がつ　にち

てん/10てん

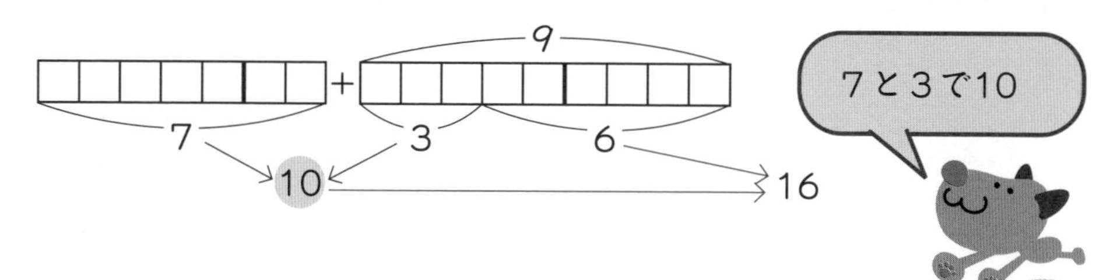


① $7+9=$ 16
10　3　6

② $8+3=$
2　1

③ $8+4=$
2　2

④ $8+5=$
2　3

⑤ $8+6=$
2　4

⑥ $8+7=$
2　5

⑦ $8+8=$
2　6

⑧ $8+9=$
2　7

⑨ $9+2=$
10　1　1

⑩ $9+3=$
1　2

# 54 くりあがりのたしざん④

がつ　にち

てん/10てん

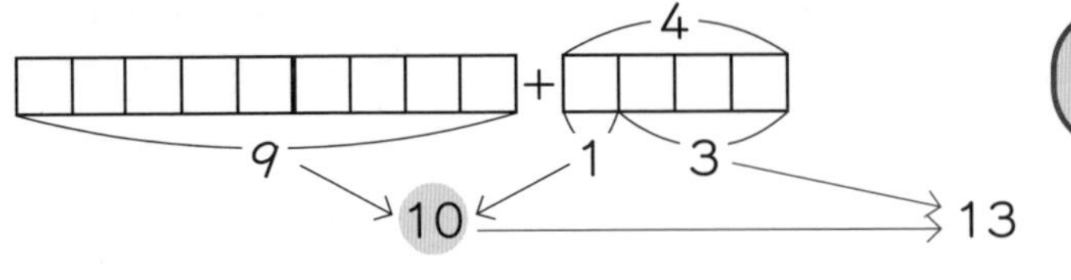

① 9＋4＝13
10 1 3

② 9＋5＝
1 4

③ 9＋6＝
1 5

④ 9＋7＝
1 6

⑤ 9＋8＝
1 7

⑥ 9＋9＝
1 8

⑦ 2＋9＝
8 1

⑧ 3＋9＝
7 2

⑨ 4＋9＝
6 3

⑩ 5＋9＝
5 4

# 55 くりあがりのたしざん⑤

がつ　にち

てん/10てん

| 9 | |
|---|---|
| 1 | 8 |
| 2 | 7 |
| 3 | 6 |
| 4 | 5 |

| 8 | |
|---|---|
| 1 | 7 |
| 2 | 6 |
| 3 | 5 |
| 4 | 4 |

| 8 | |
|---|---|
| 5 | 3 |
| 6 | 2 |
| 7 | 1 |
| 8 | 0 |

① 6+9=
　4　5

② 7+9=
　3　6

③ 8+9=
　2　7

④ 9+9=
　1　8

⑤ 3+8=
　7　1

⑥ 4+8=
　6　2

⑦ 5+8=
　5　3

⑧ 6+8=
　4　4

⑨ 7+8=
　3　5

⑩ 8+8=
　2　6

# 56 くりあがりのたしざん⑥

がつ　にち

てん/10てん

| 7 | |
|---|---|
| 1 | 6 |
| 2 | 5 |
| 3 | 4 |
| 4 | 3 |

| 7 | |
|---|---|
| 5 | 2 |
| 6 | 1 |
| 7 | 0 |

| 6 | |
|---|---|
| 1 | 5 |
| 2 | 4 |
| 3 | 3 |
| 4 | 2 |

① $9+8=$
　　1　7

② $4+7=$
　　6　1

③ $5+7=$
　　5　2

④ $6+7=$
　　4　3

⑤ $7+7=$
　　3　4

⑥ $8+7=$
　　2　5

⑦ $9+7=$
　　1　6

⑧ $5+6=$
　　5　1

⑨ $6+6=$
　　4　2

⑩ $7+6=$
　　3　3

# 57 くりあがりのたしざん⑦

がつ　にち

てん/10てん

| 5 | |
|---|---|
| 1 | 4 |
| 2 | 3 |
| 3 | 2 |
| 4 | 1 |

| 4 | |
|---|---|
| 1 | 3 |
| 2 | 2 |
| 3 | 1 |
| 4 | 0 |

① $8+6=$
　　2　4

② $9+5=$
　　1　4

③ $6+5=$
　　4　1

④ $7+5=$
　　3　2

⑤ $8+5=$
　　2　3

⑥ $9+5=$
　　1　4

⑦ $7+4=$
　　3　1

⑧ $8+4=$
　　2　2

⑨ $9+4=$
　　1　3

⑩ $8+3=$
　　2　1

# 58 くりあがりのたしざん⑧

がつ　にち

てん/10てん

| 10 | |
|---|---|
| 1 | 9 |
| 2 | 8 |
| 3 | 7 |
| 4 | 6 |
| 5 | 5 |

| 10 | |
|---|---|
| 6 | 4 |
| 7 | 3 |
| 8 | 2 |
| 9 | 1 |

① 9＋3＝
　　1　2

② 9＋2＝
　　1　1

③ 2＋9＝
　　8　○

④ 3＋8＝
　　7　○

⑤ 3＋9＝
　　7　○

⑥ 4＋7＝
　　6　○

⑦ 4＋8＝
　　6　○

⑧ 4＋9＝
　　6　○

⑨ 5＋6＝
　　5　○

⑩ 5＋7＝
　　5　○

# 59 くりあがりのたしざん⑨

がつ　にち

てん/10てん

| 10 | |
|---|---|
| 1 | 9 |
| 2 | 8 |
| 3 | 7 |
| 4 | 6 |
| 5 | 5 |

| 10 | |
|---|---|
| 6 | 4 |
| 7 | 3 |
| 8 | 2 |
| 9 | 1 |

① $5+8=$
5　○

⑥ $6+8=$
4　○

② $5+9=$
5　○

⑦ $6+9=$
4　○

③ $6+5=$
4　○

⑧ $7+4=$
3　○

④ $6+6=$
4　○

⑨ $7+5=$
3　○

⑤ $6+7=$
4　○

⑩ $7+6=$
3　○

# 60 くりあがりのたしざん⑩

がつ　にち

てん/10てん

| 10 | |
|---|---|
| 1 | 9 |
| 2 | 8 |
| 3 | 7 |
| 4 | 6 |
| 5 | 5 |

| 10 | |
|---|---|
| 6 | 4 |
| 7 | 3 |
| 8 | 2 |
| 9 | 1 |

① 7＋7＝
（7 → 3　○）

⑥ 8＋5＝
（5 → 2　○）

② 7＋8＝
（8 → 3　○）

⑦ 8＋6＝
（6 → 2　○）

③ 7＋9＝
（9 → 3　○）

⑧ 8＋7＝
（7 → 2　○）

④ 8＋3＝
（3 → 2　○）

⑨ 8＋8＝
（8 → 2　○）

⑤ 8＋4＝
（4 → 2　○）

⑩ 8＋9＝
（9 → 2　○）

# 61 くりあがりのたしざん⑪

がつ　にち

てん/10てん

| 10 | |
|---|---|
| 1 | 9 |
| 2 | 8 |
| 3 | 7 |
| 4 | 6 |
| 5 | 5 |

| 10 | |
|---|---|
| 6 | 4 |
| 7 | 3 |
| 8 | 2 |
| 9 | 1 |

10に　なる
かずは？

① 9＋2＝
1　○

② 9＋3＝
1　○

③ 9＋4＝
1　○

④ 9＋5＝
1　○

⑤ 9＋6＝
1　○

⑥ 9＋7＝
1　○

⑦ 9＋8＝
1　○

⑧ 9＋9＝
1　○

⑨ 9＋□＝15
1　○

⑩ 9＋□＝17
1　○

# 62 くりあがりのたしざん⑫

がつ　にち

てん/10てん

| 10 | |
|---|---|
| 1 | 9 |
| 2 | 8 |
| 3 | 7 |
| 4 | 6 |
| 5 | 5 |

| 10 | |
|---|---|
| 6 | 4 |
| 7 | 3 |
| 8 | 2 |
| 9 | 1 |

① 6＋6＝

② 7＋4＝

③ 9＋7＝

④ 3＋9＝

⑤ 8＋5＝

⑥ 5＋6＝

⑦ 7＋8＝

⑧ 9＋3＝

⑨ 2＋9＝

⑩ 4＋8＝

# 63 くりあがりのたしざん⑬

がつ　にち

てん/10てん

| 10 | |
|---|---|
| 1 | 9 |
| 2 | 8 |
| 3 | 7 |
| 4 | 6 |
| 5 | 5 |

| 10 | |
|---|---|
| 6 | 4 |
| 7 | 3 |
| 8 | 2 |
| 9 | 1 |

① $5+9=$

② $6+7=$

③ $7+9=$

④ $8+6=$

⑤ $9+8=$

⑥ $7+7=$

⑦ $9+5=$

⑧ $8+8=$

⑨ $7+5=$

⑩ $5+8=$

# くりさがりのひきざん①

がつ　にち

てん/10てん

12－3を　するとき、2から3は　ひけません。
だから、10から　3を　ひきます。10－3＝7
7と2で9。このことを「くりさがる」と　いいます。

① 12－3＝9
3　7　9

② 11－3＝8
3　7　8

③ 11－4＝7
4　6　7

④ 12－4＝
4　6

⑤ 13－4＝
4　6

⑥ 11－5＝
5　5

⑦ 12－5＝
5　5

⑧ 13－5＝
5　5

⑨ 14－5＝
5　5

⑩ 11－6＝
6　4

**おうちの方へ**　「2から3はひけません」これが大事です。「2から3はひけないので、3－2をしよう」ではだめです。

# 65 くりさがりのひきざん②

がつ　にち

てん/10てん

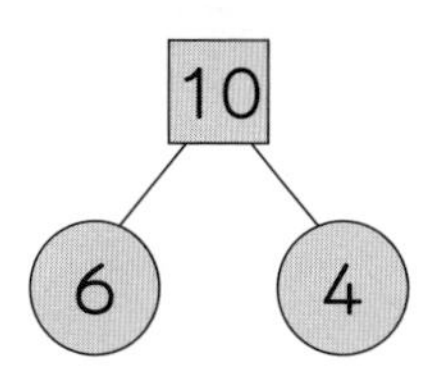


10
7
3

10を　6と4、
7と3に　わけるよ。

① 12－6＝6
6　4　6

② 13－6＝
6　4

③ 14－6＝
6　4

④ 15－6＝
6　4

⑤ 11－7＝
7　3

⑥ 12－7＝
7　3

⑦ 13－7＝
7　3

⑧ 14－7＝
7　3

⑨ 15－7＝
7　3

⑩ 16－7＝
7　3

# 66 くりさがりのひきざん③

がつ　　にち

てん/10てん

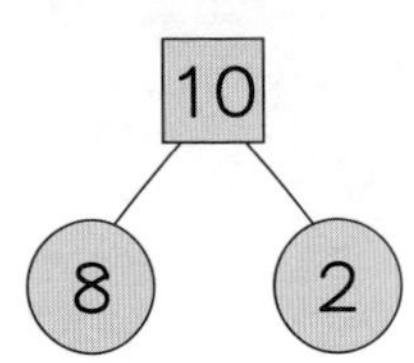

10　9　1

10を　8と2、
9と1に　わけるよ。

① 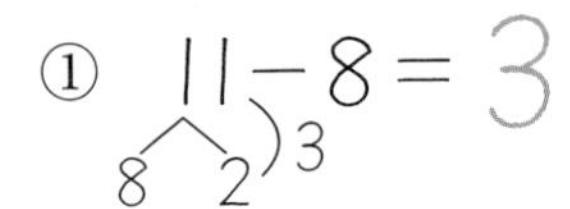
$11-8=3$

② $12-8=$

③ $13-8=$

④ $14-8=$

⑤ $15-8=$

⑥ $16-8=$

⑦ $17-8=$

⑧ $11-9=2$

⑨ $12-9=$

⑩ $13-9=$

# 67 くりさがりのひきざん④

がつ　　にち

てん/10てん

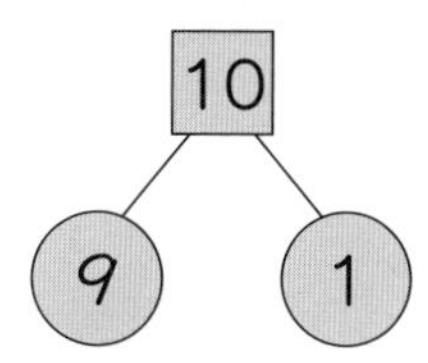


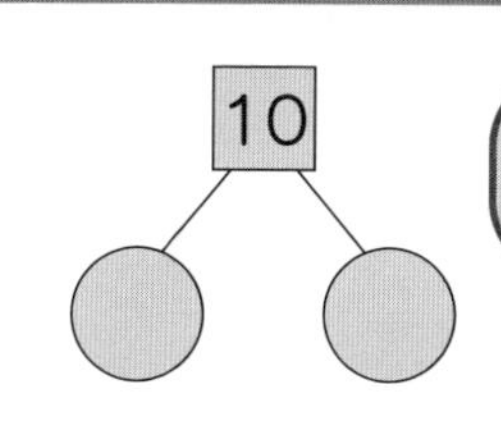


10を　いくつと　いくつに　わけるかな。

① 14－9＝5
　9　1　5

② 15－9＝
　9　1

③ 16－9＝
　9　1

④ 17－9＝
　9　1

⑤ 18－9＝
　9　1

⑥ 10－1＝
　1　9

⑦ 10　2＝
　2　8

⑧ 10－3＝
　3　7

⑨ 10－4＝
　4　6

⑩ 10－5＝
　5　5

# 68 くりさがりのひきざん⑤

がつ　にち

てん/10てん

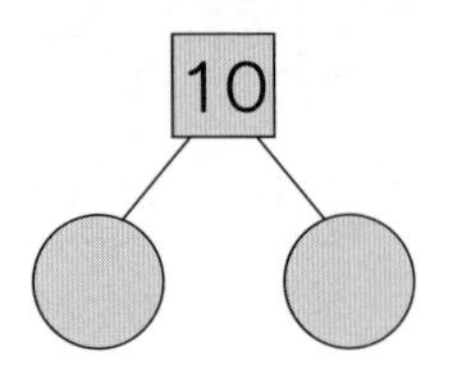


だんだん
なれて　きたかな？

① $11-2=$ 9
2 ○

② $11-3=$
3 ○

③ $11-4=$
4 ○

④ $11-5=$
5 ○

⑤ $11-6=$
6 ○

⑥ $11-7=$
7 ○

⑦ $11-8=$
8 ○

⑧ $11-9=$
9 ○

⑨ $12-3=$

⑩ $12-4=$

# 69 くりさがりのひきざん⑥

がつ　にち

てん/10てん

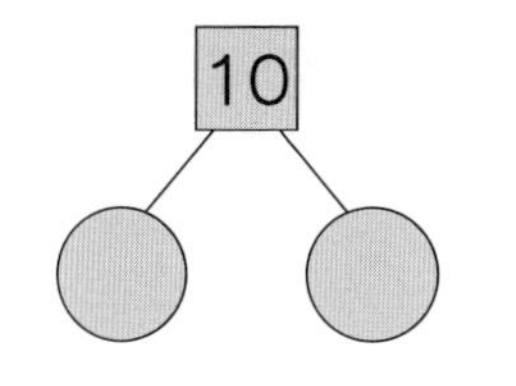


10を　いくつと
いくつに　わける？

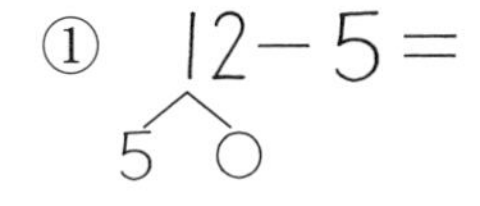

① 12−5＝
5 ○

⑥ 13−4＝
4 ○

② 12　6＝

⑦ 13−5−

③ 12−7＝

⑧ 13−6＝

④ 12−8＝

⑨ 13−7＝

⑤ 12−9＝

⑩ 13−8＝

# 70 くりさがりのひきざん⑦

がつ　にち

てん/10てん

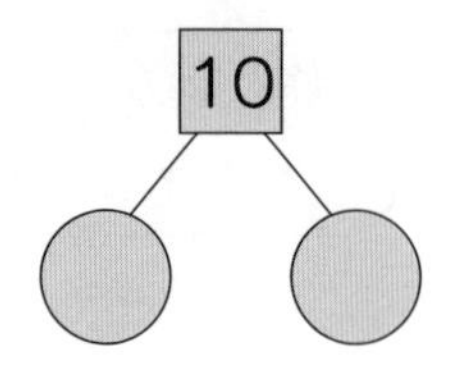


10を　いくつと
いくつに　わける？

① $13-9=$

9　○

② $14-5=$

5　○

③ $14-6=$

④ $14-7=$

⑤ $14-8=$

⑥ $14-9=$

⑦ $15-6=$

⑧ $15-7=$

⑨ $15-8=$

⑩ $15-9=$

# 71 くりさがりのひきざん⑧

がつ　にち

てん/10てん

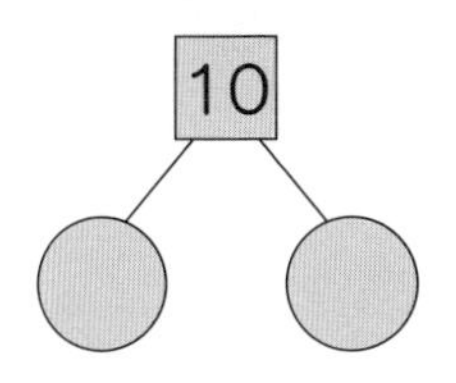

① 16−7＝

⑥ 18−9＝

② 16−8＝

⑦ 11−2＝

③ 16−9＝

⑧ 11−3＝

④ 17−8＝

⑨ 12−3＝

⑤ 17−9＝

⑩ 11−4＝

# 72 くりさがりのひきざん⑨

がつ　にち

てん/10てん

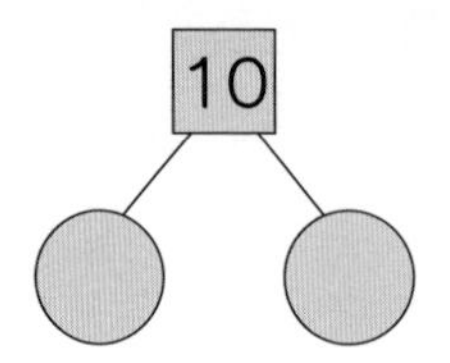

① 12－4＝

② 13－4＝

③ 11－5＝

④ 12－5＝

⑤ 13－5＝

⑥ 14－5＝

⑦ 11－6＝

⑧ 12－6＝

⑨ 13－6＝

⑩ 14－6＝

# 73 くりさがりのひきざん⑩

がつ　にち

てん/10てん

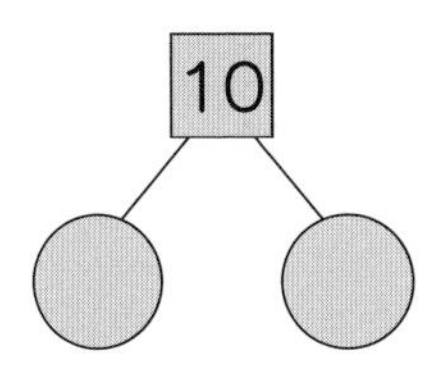

① 15－6＝

⑥ 15－7＝

② 11－7＝

⑦ 16－7＝

③ 12－7＝

⑧ 11－8＝

④ 13－7＝

⑨ 12－8＝

⑤ 14－7＝

⑩ 13－8＝

# 74 くりさがりのひきざん⑪

がつ　にち

てん/10てん

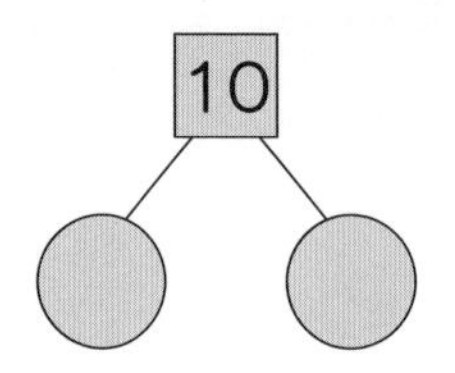

① 14－8＝

② 15－8＝

③ 16－8＝

④ 17－8＝

⑤ 11－9＝

⑥ 12－9＝

⑦ 13－9＝

⑧ 14－9＝

⑨ 15－9＝

⑩ 16－9＝

# 75 くりさがりのひきざん⑫

がつ　にち

てん/10てん

もう　そろそろ　こたえが
すぐ　わかるように　なったかな？

① 17－9＝

② 18－9＝

③ 11－5＝

④ 13－6＝

⑤ 16－8＝

⑥ 14－9＝

⑦ 15－7＝

⑧ 13－4＝

⑨ 11－2＝

⑩ 12－7＝

# 76 くりさがりのひきざん⑬

がつ　　にち

てん/10てん

がんばれ！
ここまで　やれば　ごうかくだよ。

① 17－9＝

② 14－7＝

③ 11－8＝

④ 12－6＝

⑤ 13－5＝

⑥ 17－8＝

⑦ 13－8＝

⑧ 12－4＝

⑨ 11－7＝

⑩ 15－8＝

# たしざん・ひきざん①

がつ　にち

てん/10てん

ここからは、たしざんと
ひきざんが　まざって　いるよ。

① $0+0=$

⑥ $6+7=$

② $1+2=$

⑦ $9-5=$

③ $4-2=$

⑧ $8-3=$

④ $7-1=$

⑨ $8+9=$

⑤ $4+4=$

⑩ $6-0=$

たし算のときは、脳がたし算パターンになり、ひき算ではひき算パターンになります。まぜて、パターンを切りかえながら計算することも大事です。

# 78 たしざん・ひきざん②

がつ　にち

てん/10てん

＋や－の　きごうに　きを　つけよう！

① $5-4=$

⑥ $9-1=$

② $3-1=$

⑦ $6+1=$

③ $2+1=$

⑧ $8+2=$

④ $0+6=$

⑨ $8-6=$

⑤ $2-2=$

⑩ $9+7=$

# 79 たしざん・ひきざん③

がつ　にち

てん/10てん

もんだいを　しっかり　みるんだよ。

① $3+0=$

② $7-4=$

③ $5+3=$

④ $1-0=$

⑤ $2+5=$

⑥ $6-6=$

⑦ $7+3=$

⑧ $9-7=$

⑨ $8+6=$

⑩ $5-2=$

# 80 たしざん・ひきざん④

がつ　にち

てん/10てん

ちゅういして　+や－の
きごうを　みよう。

① $10-4=$

② $0+3=$

③ $9-4=$

④ $1+5=$

⑤ $6-1=$

⑥ $7+1=$

⑦ $12-3=$

⑧ $8+5=$

⑨ $8-5=$

⑩ $4+8=$

# 81 たしざん・ひきざん⑤

がつ　にち

てん/10てん

ちゅういして　＋や－の
きごうを　みよう。

① 14－5＝

② 4－3＝

③ 8－0＝

④ 2＋4＝

⑤ 13－8＝

⑥ 7－6＝

⑦ 3＋6＝

⑧ 5＋5＝

⑨ 8＋3＝

⑩ 9＋4＝

# 82 たしざん・ひきざん⑥

がつ　にち

てん/10てん

まんてん　とれて　いるかな？

① $3+3=$

② $6+2=$

③ $8+0=$

④ $11-3=$

⑤ $5+7=$

⑥ $2+8=$

⑦ $6-4=$

⑧ $3-3=$

⑨ $15-7=$

⑩ $9-2=$

# 83 たしざん・ひきざん⑦

がつ　にち

てん/10てん

+と−の　きごうを　まちがうと
へんに　なるよ。

① $2+2=$

② $6-3=$

③ $4-0=$

④ $5+0=$

⑤ $4+6=$

⑥ $8-2=$

⑦ $17-9=$

⑧ $8+4=$

⑨ $12-6=$

⑩ $9+0=$

# 84 たしざん・ひきざん⑧

がつ　にち

てん/10てん

たしざんと　ひきざんの　あたまの
きりかえが　だいじだよ。

① $5-1=$

⑥ $1+7=$

② $9-0=$

⑦ $9+5=$

③ $4+2=$

⑧ $11-5=$

④ $3+5=$

⑨ $7-3=$

⑤ $13-4=$

⑩ $6+3=$

# 85 たしざん・ひきざん⑨

がつ　にち

てん/10てん

さあ、もう　すこしだぞ。

① $1+0=$

② $3+2=$

③ $2-1=$

④ $10-6=$

⑤ $5+4=$

⑥ $8-4=$

⑦ $6-5=$

⑧ $7+6=$

⑨ $3+8=$

⑩ $12-8=$

# 86 たしざん・ひきざん⑩

がつ　にち

てん/10てん

ここまで　やれば　だいじょうぶ。

① $5-3=$

② $8-8=$

③ $0+2=$

④ $13-5=$

⑤ $3+4=$

⑥ $11-2=$

⑦ $7+0=$

⑧ $18-9=$

⑨ $6+6=$

⑩ $3+9=$

# 87 たしざん・ひきざん⑪

がつ　にち

てん/20てん

① 7－0＝

② 4－4＝

③ 12－5＝

④ 2＋3＝

⑤ 5＋1＝

⑥ 1＋4＝

⑦ 7－7＝

⑧ 10－1＝

⑨ 12－4＝

⑩ 0＋7＝

⑪ 6＋4＝

⑫ 9＋3＝

⑬ 9－3＝

⑭ 4－1＝

⑮ 11－7＝

⑯ 7＋4＝

⑰ 5＋8＝

⑱ 4＋9＝

⑲ 14－9＝

⑳ 2＋6＝

# 88 たしざん・ひきざん⑫

がつ　にち

てん/20てん

① $0+1=$

② $2+0=$

③ $4+1=$

④ $8-1=$

⑤ $0-0=$

⑥ $5+2=$

⑦ $3+7=$

⑧ $3-2=$

⑨ $11-4=$

⑩ $16-8=$

⑪ $6+5=$

⑫ $10-8=$

⑬ $15-9=$

⑭ $9+2=$

⑮ $11-8=$

⑯ $14-6=$

⑰ $7+7=$

⑱ $13-6=$

⑲ $0+9=$

⑳ $7+5=$

# こたえ

| | | | | |
|---|---|---|---|---|
| 1 | ① | 0 | ⑥ | 5 |
| | ② | 1 | ⑦ | 1 |
| | ③ | 2 | ⑧ | 2 |
| | ④ | 3 | ⑨ | 3 |
| | ⑤ | 4 | ⑩ | 4 |
| 2 | ① | 5 | ⑥ | 3 |
| | ② | 2 | ⑦ | 4 |
| | ③ | 3 | ⑧ | 5 |
| | ④ | 4 | ⑨ | 4 |
| | ⑤ | 5 | ⑩ | 5 |
| 3 | ① | 5 | ⑥ | 4 |
| | ② | 0 | ⑦ | 5 |
| | ③ | 1 | ⑧ | 1 |
| | ④ | 2 | ⑨ | 2 |
| | ⑤ | 3 | ⑩ | 3 |
| 4 | ① | 4 | ⑥ | 5 |
| | ② | 5 | ⑦ | 3 |
| | ③ | 2 | ⑧ | 4 |
| | ④ | 3 | ⑨ | 5 |
| | ⑤ | 4 | ⑩ | 4 |
| 5 | ① | 0 | ⑥ | 4 |
| | ② | 3 | ⑦ | 5 |
| | ③ | 3 | ⑧ | 4 |
| | ④ | 5 | ⑨ | 5 |
| | ⑤ | 5 | ⑩ | 5 |
| 6 | ① | 6 | ⑥ | 7 |
| | ② | 7 | ⑦ | 8 |
| | ③ | 8 | ⑧ | 9 |
| | ④ | 9 | ⑨ | 6 |
| | ⑤ | 6 | ⑩ | 7 |
| 7 | ① | 8 | ⑥ | 9 |
| | ② | 9 | ⑦ | 6 |
| | ③ | 6 | ⑧ | 7 |
| | ④ | 7 | ⑨ | 8 |
| | ⑤ | 8 | ⑩ | 9 |
| 8 | ① | 6 | ⑥ | 7 |
| | ② | 7 | ⑦ | 8 |
| | ③ | 8 | ⑧ | 9 |
| | ④ | 9 | ⑨ | 7 |
| | ⑤ | 6 | ⑩ | 8 |
| 9 | ① | 9 | ⑥ | 6 |
| | ② | 8 | ⑦ | 6 |
| | ③ | 9 | ⑧ | 6 |
| | ④ | 9 | ⑨ | 6 |
| | ⑤ | 6 | ⑩ | 6 |
| 10 | ① | 6 | ⑥ | 7 |
| | ② | 7 | ⑦ | 8 |
| | ③ | 8 | ⑧ | 9 |
| | ④ | 9 | ⑨ | 6 |
| | ⑤ | 6 | ⑩ | 7 |

**11**
① 8 ⑥ 9
② 9 ⑦ 6
③ 6 ⑧ 7
④ 7 ⑨ 8
⑤ 8 ⑩ 9

**12**
① 6 ⑥ 7
② 7 ⑦ 8
③ 8 ⑧ 9
④ 9 ⑨ 7
⑤ 6 ⑩ 8

**13**
① 9 ⑥ 7
② 8 ⑦ 7
③ 9 ⑧ 7
④ 9 ⑨ 7
⑤ 7 ⑩ 7

**14**
① 6 ⑥ 8
② 7 ⑦ 9
③ 9 ⑧ 7
④ 9 ⑨ 6
⑤ 7 ⑩ 9

**15**
① 7 ⑥ 8
② 6 ⑦ 8
③ 8 ⑧ 6
④ 9 ⑨ 8
⑤ 7 ⑩ 9

**16**
① 10 ⑥ 10
② 10 ⑦ 10
③ 10 ⑧ 10
④ 10 ⑨ 10
⑤ 10 ⑩ 10

**17**
① 10 ⑥ 10
② 10 ⑦ 10
③ 10 ⑧ 10
④ 10 ⑨ 10
⑤ 10 ⑩ 10

**18**
① 10 ⑥ 10
② 10 ⑦ 10
③ 10 ⑧ 10
④ 10 ⑨ 10
⑤ 10 ⑩ 10

**19**
① 10 ⑥ 10
② 10 ⑦ 10
③ 10 ⑧ 10
④ 10 ⑨ 10
⑤ 10 ⑩ 10

**20**
① 10 ⑥ 10
② 10 ⑦ 10
③ 10 ⑧ 10
④ 10 ⑨ 10
⑤ 10 ⑩ 10

**21**
① 10 ⑥ 10
② 10 ⑦ 10
③ 10 ⑧ 10
④ 10 ⑨ 10
⑤ 10 ⑩ 10

**22**
① 10 ⑥ 10
② 10 ⑦ 10
③ 10 ⑧ 10
④ 10 ⑨ 10
⑤ 10 ⑩ 10

23 ① 10 ⑥ 10
② 10 ⑦ 10
③ 10 ⑧ 10
④ 10 ⑨ 10
⑤ 10 ⑩ 10

24 ① 10 ⑥ 10
② 10 ⑦ 10
③ 10 ⑧ 10
④ 10 ⑨ 10
⑤ 10 ⑩ 10

25 ① 10 ⑥ 10
② 10 ⑦ 10
③ 10 ⑧ 10
④ 10 ⑨ 10
⑤ 10 ⑩ 10

26 ① 5 ⑥ 0
② 4 ⑦ 4
③ 3 ⑧ 3
④ 2 ⑨ 2
⑤ 1 ⑩ 1

27 ① 0 ⑥ 2
② 3 ⑦ 1
③ 2 ⑧ 0
④ 1 ⑨ 1
⑤ 0 ⑩ 0

28 ① 0 ⑥ 5
② 1 ⑦ 0
③ 2 ⑧ 1
④ 3 ⑨ 2
⑤ 4 ⑩ 3

29 ① 4 ⑥ 0
② 0 ⑦ 1
③ 1 ⑧ 2
④ 2 ⑨ 0
⑤ 3 ⑩ 1

30 ① 0 ⑥ 3
② 1 ⑦ 0
③ 1 ⑧ 1
④ 2 ⑨ 2
⑤ 1 ⑩ 2

31 ① 6 ⑥ 1
② 5 ⑦ 0
③ 4 ⑧ 7
④ 3 ⑨ 6
⑤ 2 ⑩ 5

32 ① 4 ⑥ 8
② 3 ⑦ 7
③ 2 ⑧ 6
④ 1 ⑨ 5
⑤ 0 ⑩ 4

33 ① 3 ⑥ 8
② 2 ⑦ 7
③ 1 ⑧ 6
④ 0 ⑨ 5
⑤ 9 ⑩ 4

34 ① 3 ⑥ 7
② 2 ⑦ 8
③ 1 ⑧ 9
④ 0 ⑨ 5
⑤ 6 ⑩ 6

35 ① 7 ⑥ 7
② 8 ⑦ 3
③ 4 ⑧ 4
④ 5 ⑨ 5
⑤ 6 ⑩ 6

36 ① 2 ⑥ 2
② 3 ⑦ 3
③ 4 ⑧ 4
④ 5 ⑨ 0
⑤ 1 ⑩ 1

37 ① 2 ⑥ 0
② 3 ⑦ 1
③ 0 ⑧ 0
④ 1 ⑨ 4
⑤ 2 ⑩ 8

38 ① 5 ⑥ 0
② 1 ⑦ 4
③ 6 ⑧ 3
④ 6 ⑨ 3
⑤ 3 ⑩ 7

39 ① 2 ⑥ 4
② 2 ⑦ 6
③ 4 ⑧ 2
④ 1 ⑨ 5
⑤ 1 ⑩ 1

40 ① 0 ⑥ 5
② 3 ⑦ 0
③ 7 ⑧ 6
④ 7 ⑨ 5
⑤ 0 ⑩ 8

41 ① 10 ⑥ 5
② 9 ⑦ 4
③ 8 ⑧ 3
④ 7 ⑨ 2
⑤ 6 ⑩ 1

42 ① 1 ⑥ 6
② 2 ⑦ 7
③ 3 ⑧ 8
④ 4 ⑨ 9
⑤ 5 ⑩ 10

43 ① 9 ⑥ 3
② 1 ⑦ 6
③ 8 ⑧ 4
④ 2 ⑨ 5
⑤ 7 ⑩ 10

44 ① 1 ⑥ 7
② 9 ⑦ 4
③ 2 ⑧ 6
④ 8 ⑨ 5
⑤ 3 ⑩ 10

45 ① 9 ⑥ 7
② 2 ⑦ 10
③ 8 ⑧ 6
④ 4 ⑨ 3
⑤ 5 ⑩ 1

46 ① 8 ⑥ 9
② 10 ⑦ 5
③ 4 ⑧ 3
④ 6 ⑨ 7
⑤ 1 ⑩ 2

47 ①7 ②6 ③10 ④5 ⑤9 ⑥4 ⑦1 ⑧8 ⑨2 ⑩3

48 ①6 ②3 ③9 ④2 ⑤7 ⑥1 ⑦8 ⑧5 ⑨10 ⑩4

49 ①5 ②1 ③3 ④10 ⑤2 ⑥8 ⑦4 ⑧7 ⑨9 ⑩6

50 ①4 ②9 ③5 ④1 ⑤8 ⑥6 ⑦7 ⑧2 ⑨3 ⑩10

51 ①11 ②11 ③12 ④11 ⑤12 ⑥13 ⑦11 ⑧12 ⑨13 ⑩14

52 ①11 ②12 ③13 ④14 ⑤15 ⑥11 ⑦12 ⑧13 ⑨14 ⑩15

53 ①16 ②11 ③12 ④13 ⑤14 ⑥15 ⑦16 ⑧17 ⑨11 ⑩12

54 ①13 ②14 ③15 ④16 ⑤17 ⑥18 ⑦11 ⑧12 ⑨13 ⑩14

55 ①15 ②16 ③17 ④18 ⑤11 ⑥12 ⑦13 ⑧14 ⑨15 ⑩16

56 ①17 ②11 ③12 ④13 ⑤14 ⑥15 ⑦16 ⑧11 ⑨12 ⑩13

57 ①14 ②14 ③11 ④12 ⑤13 ⑥14 ⑦11 ⑧12 ⑨13 ⑩11

58 ①12 ②11 ③11 ④11 ⑤12 ⑥11 ⑦12 ⑧13 ⑨11 ⑩12

**59**

| | | | |
|---|---|---|---|
| ① | 13 | ⑥ | 14 |
| ② | 14 | ⑦ | 15 |
| ③ | 11 | ⑧ | 11 |
| ④ | 12 | ⑨ | 12 |
| ⑤ | 13 | ⑩ | 13 |

**60**

| | | | |
|---|---|---|---|
| ① | 14 | ⑥ | 13 |
| ② | 15 | ⑦ | 14 |
| ③ | 16 | ⑧ | 15 |
| ④ | 11 | ⑨ | 16 |
| ⑤ | 12 | ⑩ | 17 |

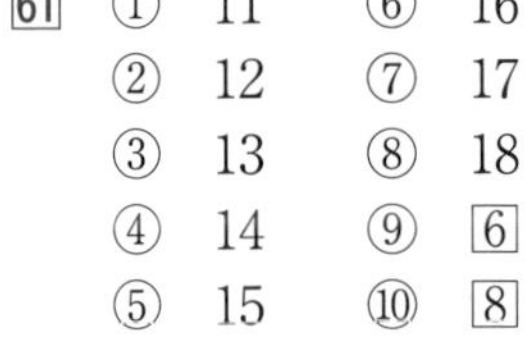

**61**

| | | | |
|---|---|---|---|
| ① | 11 | ⑥ | 16 |
| ② | 12 | ⑦ | 17 |
| ③ | 13 | ⑧ | 18 |
| ④ | 14 | ⑨ | 6 |
| ⑤ | 15 | ⑩ | 8 |

**62**

| | | | |
|---|---|---|---|
| ① | 12 | ⑥ | 11 |
| ② | 11 | ⑦ | 15 |
| ③ | 16 | ⑧ | 12 |
| ④ | 12 | ⑨ | 11 |
| ⑤ | 13 | ⑩ | 12 |

**63**

| | | | |
|---|---|---|---|
| ① | 14 | ⑥ | 14 |
| ② | 13 | ⑦ | 14 |
| ③ | 16 | ⑧ | 16 |
| ④ | 14 | ⑨ | 12 |
| ⑤ | 17 | ⑩ | 13 |

**64**

| | | | |
|---|---|---|---|
| ① | 9 | ⑥ | 6 |
| ② | 8 | ⑦ | 7 |
| ③ | 7 | ⑧ | 8 |
| ④ | 8 | ⑨ | 9 |
| ⑤ | 9 | ⑩ | 5 |

**65**

| | | | |
|---|---|---|---|
| ① | 6 | ⑥ | 5 |
| ② | 7 | ⑦ | 6 |
| ③ | 8 | ⑧ | 7 |
| ④ | 9 | ⑨ | 8 |
| ⑤ | 4 | ⑩ | 9 |

**66**

| | | | |
|---|---|---|---|
| ① | 3 | ⑥ | 8 |
| ② | 4 | ⑦ | 9 |
| ③ | 5 | ⑧ | 2 |
| ④ | 6 | ⑨ | 3 |
| ⑤ | 7 | ⑩ | 4 |

**67**

| | | | |
|---|---|---|---|
| ① | 5 | ⑥ | 9 |
| ② | 6 | ⑦ | 8 |
| ③ | 7 | ⑧ | 7 |
| ④ | 8 | ⑨ | 6 |
| ⑤ | 9 | ⑩ | 5 |

**68**

| | | | |
|---|---|---|---|
| ① | 9 | ⑥ | 4 |
| ② | 8 | ⑦ | 3 |
| ③ | 7 | ⑧ | 2 |
| ④ | 6 | ⑨ | 9 |
| ⑤ | 5 | ⑩ | 8 |

**69**

| | | | |
|---|---|---|---|
| ① | 7 | ⑥ | 9 |
| ② | 6 | ⑦ | 8 |
| ③ | 5 | ⑧ | 7 |
| ④ | 4 | ⑨ | 6 |
| ⑤ | 3 | ⑩ | 5 |

**70**

| | | | |
|---|---|---|---|
| ① | 4 | ⑥ | 5 |
| ② | 9 | ⑦ | 9 |
| ③ | 8 | ⑧ | 8 |
| ④ | 7 | ⑨ | 7 |
| ⑤ | 6 | ⑩ | 6 |

71 ① 9 ⑥ 9
② 8 ⑦ 9
③ 7 ⑧ 8
④ 9 ⑨ 9
⑤ 8 ⑩ 7

72 ① 8 ⑥ 9
② 9 ⑦ 5
③ 6 ⑧ 6
④ 7 ⑨ 7
⑤ 8 ⑩ 8

73 ① 9 ⑥ 8
② 4 ⑦ 9
③ 5 ⑧ 3
④ 6 ⑨ 4
⑤ 7 ⑩ 5

74 ① 6 ⑥ 3
② 7 ⑦ 4
③ 8 ⑧ 5
④ 9 ⑨ 6
⑤ 2 ⑩ 7

75 ① 8 ⑥ 5
② 9 ⑦ 8
③ 6 ⑧ 9
④ 7 ⑨ 9
⑤ 8 ⑩ 5

76 ① 8 ⑥ 9
② 7 ⑦ 5
③ 3 ⑧ 8
④ 6 ⑨ 4
⑤ 8 ⑩ 7

77 ① 0 ⑥ 13
② 3 ⑦ 4
③ 2 ⑧ 5
④ 6 ⑨ 17
⑤ 8 ⑩ 6

78 ① 1 ⑥ 8
② 2 ⑦ 7
③ 3 ⑧ 10
④ 6 ⑨ 2
⑤ 0 ⑩ 16

79 ① 3 ⑥ 0
② 3 ⑦ 10
③ 8 ⑧ 2
④ 1 ⑨ 14
⑤ 7 ⑩ 3

80 ① 6 ⑥ 8
② 3 ⑦ 9
③ 5 ⑧ 13
④ 6 ⑨ 3
⑤ 5 ⑩ 12

81 ① 9 ⑥ 1
② 1 ⑦ 9
③ 8 ⑧ 10
④ 6 ⑨ 11
⑤ 5 ⑩ 13

82 ① 6 ⑥ 10
② 8 ⑦ 2
③ 8 ⑧ 0
④ 8 ⑨ 8
⑤ 12 ⑩ 7

**83**
① 4
② 3
③ 4
④ 5
⑤ 10
⑥ 6
⑦ 8
⑧ 12
⑨ 6
⑩ 9

**84**
① 4
② 9
③ 6
④ 8
⑤ 9
⑥ 8
⑦ 14
⑧ 6
⑨ 4
⑩ 9

**85**
① 1
② 5
③ 1
④ 4
⑤ 9
⑥ 4
⑦ 1
⑧ 13
⑨ 11
⑩ 4

**86**
① 2
② 0
③ 2
④ 8
⑤ 7
⑥ 9
⑦ 7
⑧ 9
⑨ 12
⑩ 12

**87**
① 7
② 0
③ 7
④ 5
⑤ 6
⑥ 5
⑦ 0
⑧ 9
⑨ 8
⑩ 7
⑪ 10
⑫ 12
⑬ 6
⑭ 3
⑮ 4
⑯ 11
⑰ 13
⑱ 13
⑲ 5
⑳ 8

**88**
① 1
② 2
③ 5
④ 7
⑤ 0
⑥ 7
⑦ 10
⑧ 1
⑨ 7
⑩ 8
⑪ 11
⑫ 2
⑬ 6
⑭ 11
⑮ 3
⑯ 8
⑰ 14
⑱ 7
⑲ 9
⑳ 12